SITZUNGSBERICHTE DER SÄCHSISCHEN AKADEMIE
DER WISSENSCHAFTEN ZU LEIPZIG

*Mathematisch-naturwissenschaftliche Klasse*
*Band 105 · Heft 1*

*FRITZ OBENAUS*

# AN DER GRENZE ZWISCHEN HOCHSPANNUNGSTECHNIK UND PHYSIK

AKADEMIE-VERLAG · BERLIN
1961

# BERICHTE ÜBER DIE VERHANDLUNGEN DER SÄCHSISCHEN AKADEMIE DER WISSENSCHAFTEN ZU LEIPZIG

## MATHEMATISCH-NATURWISSENSCHAFTLICHE KLASSE

### Band 97

Heft 1 Prof. Dr. ERICH STRACK / Beobachtungen über den endogenen Anteil des Kot-Stickstoffs 24 Seiten – 8° – 1949 – DM 2,50 *(vergriffen)*

Heft 2 Prof. Dr. ERNST HÖLDER / Über die Variationsprinzipe der Mechanik der Kontinua 13 Seiten – 8° – 1950 – DM 2,75 *(vergriffen)*

Heft 3 Dr. H. GERSTNER / Dr. H. BAARK / Dr. H. GRAUL / Der Wechselstromwiderstand der Froschhaut 25 Seiten – 8° – 1950 – DM 2,75 *(vergriffen)*

Heft 4 Prof. Dr. HERBERT BECKERT / Existenz- und Eindeutigkeitsbeweise für das Differenzenverfahren zur Lösung des Anfangswertproblems, des gemischten Anfangs-Randwert- und des charakteristischen Problems einer hyperbolischen Differentialgleichung zweiter Ordnung mit zwei unabhängigen Variablen 42 Seiten – 8° – 1950 – DM 9,– *(vergriffen)*

Heft 5 Prof. Dr. HERBERT BECKERT / Über quasilineare hyperbolische Systeme partieller Differentialgleichungen erster Ordnung mit zwei unabhängigen Variablen. Das Anfangswertproblem, die gemischte Anfangs-Randwertaufgabe, das charakteristische Problem 68 Seiten – 8° – 1950 – DM 14,50 *(vergriffen)*

Heft 6 Prof. Dr.-Ing. ENNO HEIDEBROEK / Das Verhalten von zähen Flüssigkeiten, insbesondere Schmierflüssigkeiten, in engen Spalten Nachdruck – 40 Seiten – 24 Abbildungen – 8° – 1952 – DM 5,80 *(vergriffen)*

Heft 7 Prof. Dr. HANS SCHUBERT / Über eine lineare Integrodifferentialgleichung mit Zusatzkern 52 Seiten – 8° – 1950 – DM 9,25 *(vergriffen)*

Heft 8 Dipl.-Phys. HERMAR KRUPP / Bestimmung der allgemeinen Lösung der Schrödinger-Gleichung für Coulomb-Potential 28 Seiten – 8° – 1950 – DM 5,50 *(vergriffen)*

### Band 98

Heft 1 Prof. Dr. WALTER SCHNEE / Über magische Quadrate und lineare Gitterpunktprobleme 48 Seiten – 8° – 1951 – DM 4,65 *(vergriffen)*

Heft 2 Prof. Dr.-Ing. ENNO HEIDEBROEK / Über die Beziehungen zwischen Schmierung und Verschleiß bei geschmierter Gleitreibung Nachdruck – 36 Seiten – 5 Abbildungen – 8° – 1954 – DM 2,75

Heft 3 Prof. Dr.-Ing. e. h. KARL KEGEL / Der Salzstock Mirowo bei Provadia in Bulgarien 26 Seiten – 9 Abbildungen – 8° – 1951 – DM 3,– *(vergriffen)*

Heft 4 Prof. Dr. HERBERT BECKERT / Prof. Dr. HANS SALIÉ / Bemerkungen über die Verbiegung hyperbolisch gekrümmter Flächenstücke / Über Abels Verallgemeinerung der binomischen Formel 22 Seiten – 2 Abbildungen – 8° – 1951 – DM 2,25 *(vergriffen)*

Heft 5 Prof. Dr. ERICH STRACK / Die Dauerinfusion als Verfahren zur Erforschung des Kohlenhydratstoffwechsels des Tierkörpers 20 Seiten – 8° – 1952 – DM 2,– *(vergriffen)*

### Band 99

Heft 1 Prof. Dr. HEINRICH BRANDT / Über das quadratische Reziprozitätsgesetz 18 Seiten – 8° – 1951 – DM 1,90 *(vergriffen)*

Heft 2 Prof. Dr. GEORG SPACKELER / Der Gebirgsdruck und seine Beherrschung durch den Bergmann 36 Seiten – 12 Abbildungen – 8° – 1951 – DM 1,65 *(vergriffen)*

SITZUNGSBERICHTE DER SÄCHSISCHEN AKADEMIE
DER WISSENSCHAFTEN ZU LEIPZIG

*Mathematisch-naturwissenschaftliche Klasse*
*Band 105 · Heft 1*

*FRITZ OBENAUS*

# AN DER GRENZE ZWISCHEN HOCHSPANNUNGSTECHNIK UND PHYSIK

*Mit 10 Abbildungen*

AKADEMIE-VERLAG · BERLIN
1961

Vorgetragen in der Sitzung vom 23. Januar 1961
Manuskript eingeliefert am 9. März 1961
Druckfertig erklärt am 3. 11. 1961

Erschienen im Akademie-Verlag GmbH, Berlin W 8, Leipziger Straße 3—4

Lizenz-Nr. 202 · 100/735/61
Gesamtherstellung: VEB Druckhaus „Maxim Gorki", Altenburg
Printed in Germany
Bestellnummer: 2027/105/1 · ES 20 K 4 / 18 B 6 · Preis: DM 2,40

Hochspannungstechnik ist zu einem großen Teil elektrische Isoliertechnik. Ein gasförmiger, flüssiger oder fester Isolierstoff — ein Dielektrikum — steht unter dem Zwang eines elektrischen Feldes und muß hohe Feldstärke aushalten, ohne durchzubrechen. Die Grundlage für die Weiterentwicklung auf diesem Gebiet bilden zu einem großen Teil die Erkenntnisse der Physik (Physik des Durchschlages, Gasentladungsphysik, Festkörperphysik usw.). Immer wieder kommt es aber vor, daß gewisse physikalische Spezialaufgaben der Hochspannungstechnik so vordringlich werden, daß versucht werden muß, sie selbst zu lösen. Entweder gilt es, mit schädlichen, aber unvermeidbaren Erscheinungen — wie z. B. mit der Blitzentladung — fertig zu werden oder aber nützliche Stoffe oder Prozesse — z. B. sehr hohe Übertragungsspannungen (400 kV und mehr) — möglichst rasch anzuwenden.

Über einige solche Probleme an der Grenze zwischen Hochspannungstechnik und Physik soll berichtet werden, um dabei Proben der Gedankengänge bei solcher Arbeit zu geben. Es werden dazu einige Beispiele verwendet, die alle mit dem extrem inhomogenen Feld in Beziehung stehen.[1])

---

[1]) Über diese Themen wurde in letzter Zeit am Institut für Hochspannungstechnik in Dissertationen (Woboditsch, Schmidt) und in Diplomarbeiten (Marcinkowski, Müller) gearbeitet.

## Durchschlagspannung im Spitzenfeld

Für die Bemessung von Isolierungen ist die Spannung von Bedeutung, bei der das Dielektrikum seine Isolierfähigkeit verliert, d. h. bei der der Durchschlag erfolgt — in Form von Funken in Gasen und Flüssigkeiten oder in Form von Funken mit bleibenden Zerstörungen in Feststoffen. Sofern das elektrische Feld homogen oder nahezu homogen ist, läßt sich diese Durchschlagspannung mit Hilfe der Potentialtheorie für das raumladungsfreie Feld ausrechnen. Bei den stark inhomogenen Feldern aber — bei Feldern zwischen Spitzen, wie sie in der Technik z. B. bei Luftisolierungen von Anlagen im Freien vorliegen — ist dies nicht mehr möglich.

An den Stellen höchster Feldstärke im inhomogenen Feld wird die Luft bereits lange vor dem Durchschlag stoßionisiert. Die dabei erzeugten Ladungsträger bilden vor den ursprünglichen Elektroden aus Metall Raumladungswolken und damit gewissermaßen neue Elektroden: „Raumladungselektroden." Das ursprüngliche Feld wird umgebildet. Es besteht eine reichhaltige physikalische Literatur über diese komplizierten, in Luft meist sichtbaren Vorentladungen. Es sind dies Glimmentladungen, Koronaentladungen, Büschelentladungen usw.

Wertvolle physikalische Theorien — etwa die von Townsend über die Lawinenbildung oder die von Raether über die Kanalbildung — geben einen tiefen Einblick in die Vorgänge. Sie reichen aber nicht dazu aus, die Durchschlagspannung einer solchen stark inhomogenen Anordnung etwa einer Spitzenfunkenstrecke aus ihren geometrischen Abmessungen und den Werkstoffeigenschaften zu errechnen. Die Hochspannungstechnik muß sich deshalb selbst handliche Berechnungsunterlagen schaffen. Es sind dies die sog. „Schlagweite-Spannungs-Kurven". Sie werden aus Messungen über die Abhängigkeit der Durchschlagspannung $U_d$ von dem Elektrodenabstand gewonnen, also von der Schlagweite $s$ des Funkens beim Durchbruch oder Durchschlag ($s$-$U_d$-Kurve).

## Schlagweite-Spannungs-Kurve bis 3 m

Für das extrem inhomogene Feld Spitze-Platte mit einer Schlagweite von einigen 10 cm gibt es seit WEICKER[2]) eine solche Kurve für die Durchschlagwechselspannung (Abb. 1). Sie enthält eine Unstetigkeitsstelle im Kurvenverlauf und außerdem eine große Streuung im Schlagweitenbereich um 10 cm herum,

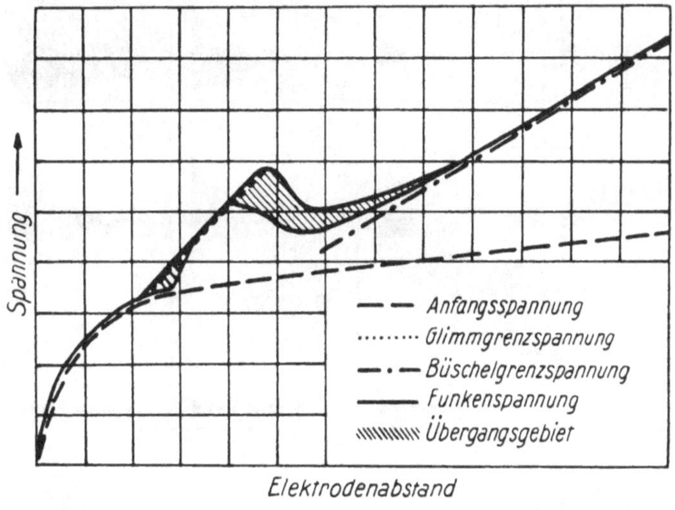


Abb. 1. Schlagweite-Spannungs-Kennlinie (Spitze-Platte) nach WEICKER

[2]) WEICKER, W., Zur Kenntnis der Funkenspannung bei technischem Wechselstrom. Elektrotechn. Z. (1911) H. 18, S. 436.

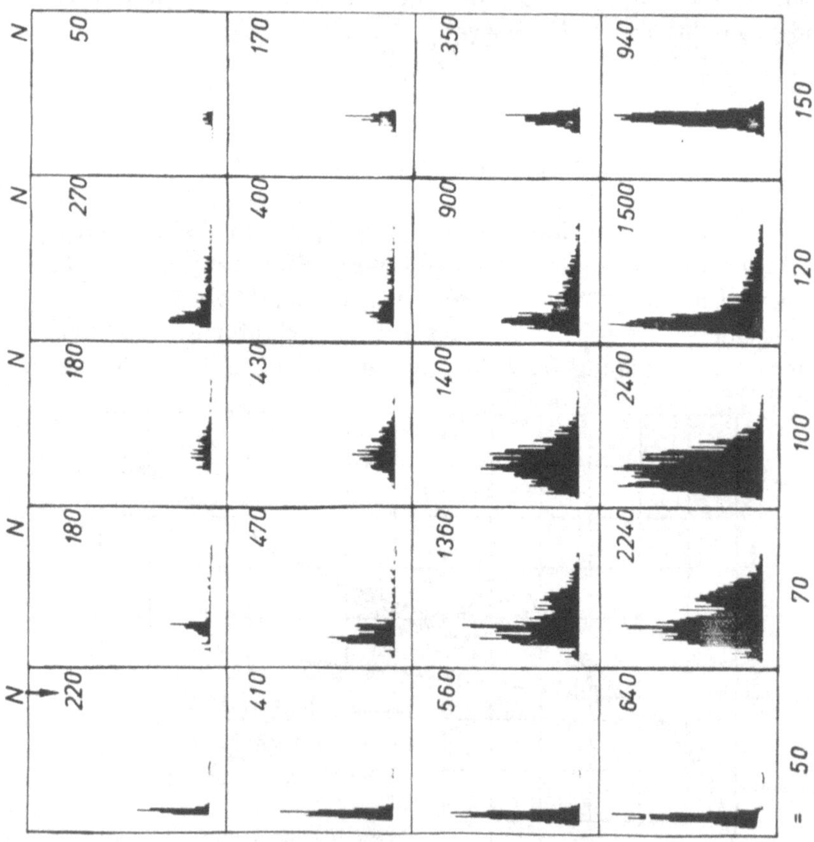
N
220
410
560
640
N
180
470
1360
2240
N
180
430
1400
2400
N
270
400
900
1500
N
50
170
350
940
s = 50
70
100
120
150

Abb. 2a

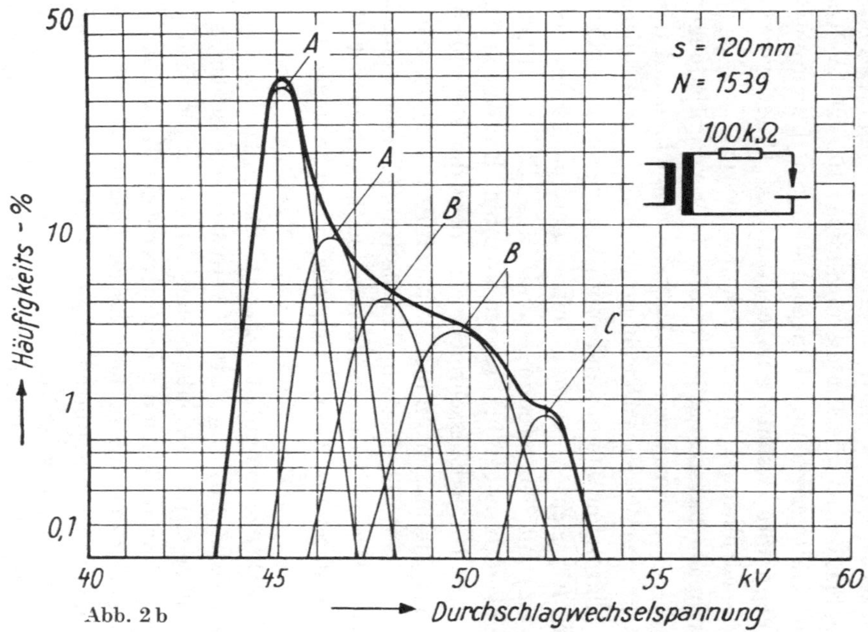


Abb. 2 b

Abb. 2a u. b. Häufigkeitsverteilung der Durchschlagwechselspannung
a) Schlagweiten $s$ = 50, 70, 100, 120, 150 mm, $N$ — Gesamtzahl der Messungen
b) $A$ — Durchschlag aus Impulsbüschelbogen, $B$ — Durchschlag aus Impulsbüschel, $C$ — Durchschlag aus Dauerkorona

also am Anfang des für die Berechnung so bequemen geradlinigen Teils. Dies hängt damit zusammen, daß sich hier der Durchschlagmechanismus ändert, wie man mit dem bloßen Auge oder über oszillografische Strommessungen beobachten kann.

Das Unsicherheitsgebiet in der Nähe von 10 cm liegt nun gerade bei Schlagweiten, die für die unzähligen 10···20-kV-Isolierungen in Kraftwerken und Umspannstationen bedeutungsvoll sind. Es mußte deshalb eine eindeutigere Unterlage für technische Konstruktionsarbeiten geschaffen werden.

Die umfangreiche physikalische Literatur über Vorentladungen in Gasen ließ es von vornherein aussichtslos erscheinen, auf den bisher beschrittenen Wegen rasch weiterzukommen. Eine technisch brauchbare Klärung müßte auf anderem Wege versucht werden.

WOBODITSCH[3]) richtete deshalb einen automatischen Versuchsstand ein, mit dem Hunderte und Tausende von Durchschlagmessungen durchgeführt werden konnten. Ein eigens dafür entwickelter Häufigkeitsschreiber zeichnete die Einzelmeßwerte der Durchschlagspannung selbsttätig in Häufigkeitskurven ein (Abb. 2a). Sie ergaben, daß die Häufigkeitsverteilung der Meßwerte für ein bestimmtes $s$ im Unsicherheitsgebiet ein Mischkollektiv darstellt. Es ließ sich aber in einheitliche Teilkollektive nach der GAUSSschen Fehlerkurve zerlegen. Den einzelnen Teilkollektiven konnten unterschiedliche Durchschlagmechanismen (Abb. 2b) zugeordnet werden (Durchschlag aus Impulsbüschelbogen ($A$), Impulsbüschel ($B$), Dauerkorona ($C$)). Bemerkenswert war, daß sich die Zentralwerte der Teilkollektive ($A$) mit den niedrigsten und deshalb für die Isolationsbemessung maßgebenden Durchschlagwerten ausgezeichnet in den geradlinigen Ast der $s$-$U_d$-Kurve einfügten (Abb. 3).

Dieses für die Hochspannungstechnik wichtige Ergebnis konnte bei den bisher üblichen Meßmethoden mit nur wenigen Meßpunkten nicht gefunden werden. Diese Art der Beantwor-

---

[3]) WOBODITSCH, W., Die Charakteristiken von technischen Funkenstrecken mit stark inhomogenem Feld (Strom-Spannungs-, Schlagweite-Strom, Schlagweite-Spannungs-Kennlinien). Wiss. Z. TH-Dresden 8 (1958/59) H. 4, S. 869.

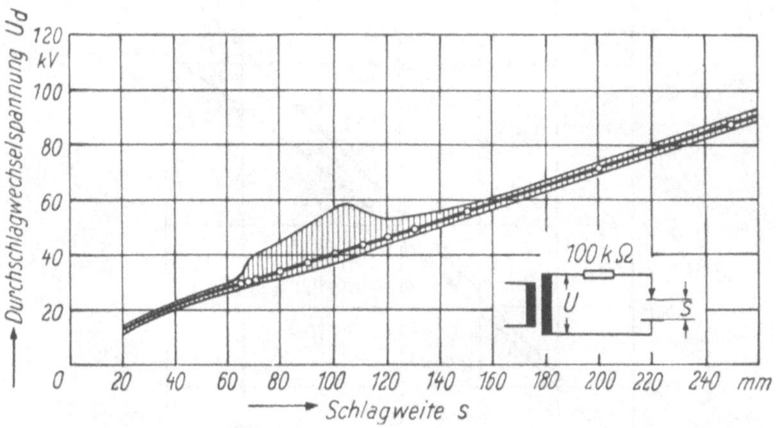


Abb. 3. Schlagweite-Spannungs-Kurve (Spitze-Platte) nach WOBODITSCH
∘ Zentralwerte des tiefsten Teilkollektivs $A$

tung der Frage löste eine Diskussion darüber aus, ob es angängig ist, die Häufigkeitskurven in Teilkollektive mit GAUSSscher Verteilung zu zerlegen, da für den Durchschlagprozeß die Differenz $(U_d - U_0)$ zwischen $U_d$ und einer konstanten Anfangsspannung $U_0$ ausschlaggebend ist. Dessen ungeachtet ist aus den Untersuchungen schon jetzt abzulesen, daß es technisch sinnvoll ist, nicht erst ab 15 cm, sondern schon ab 6 cm mit der Geraden zu rechnen.

## Bemessung von sehr langen Luftisolierstrecken (über 3 m)

Noch viel wichtiger ist die $s$-$U_d$-Kurve für die Bemessung der Isolationen für sehr hohe Betriebsspannungen mit ihren Schlagweiten von 2 m für 220 kV, von etwa 4 m für 400 kV und für noch größere Strecken für die beabsichtigten Betriebsspannungen von 500, 600 oder 750 kV.

Während — wie wir eben sahen — die $s$-$U_d$-Kurve oberhalb 6 cm eine Gerade ist (Abb. 4a), die übrigens theoretisch auch gedeutet werden kann, ergeben sich oberhalb 3 m (Abb. 4b)

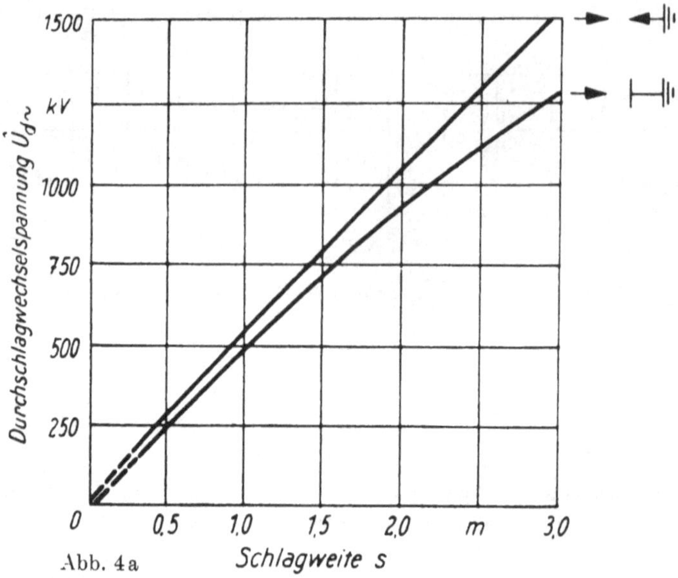


Abb. 4a

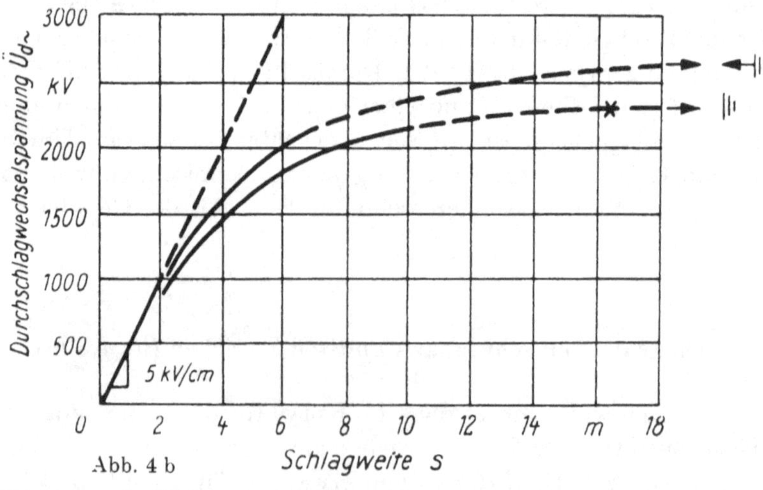


Abb. 4b

Abb. 4a u. b. Schlagweite-Spannungs-Kurven (Spitze-Spitze, Spitze-Platte)
a) $s < 3$ m, b) $s \lesseqgtr 3$ m[4])[5])

---

[4]) Hagenguth, Rohlfs und Degnan, Durchschläge mit Netzfrequenz (60 Hz) und Stoßspannungen bei großen Schlagweiten. El. Engng. **7** (1952) 318.

[5]) Tichodejew und Tuschnow, Entladungsspannungen von Luftstrecken bei Wechselspannung. Elektritschestwo **3** (1958) 37–39.

kräftige Abweichungen vom geradlinigen Teil nach tiefen Werten hin. An Stelle der Neigung 5 kV/cm werden nur noch Anstiege von etwa 1 kV/cm gemessen. Zum Durchschlag einer Luftstrecke von 16,5 m genügten reichlich 2 MV statt 8 MV, wie sich bei der Prüfung eines großen Transformators ergab (Abb. 5)[6]. Daß dies für die Hochspannungstechnik recht nachteilig ist, ist leicht einzusehen.

Es kommt jetzt darauf an, auch diese Unstetigkeitsstelle der $s$-$U_d$-Kurve näher zu erforschen. Drei Feststellungen führen weiter:

1. Die Beobachtung der Vorgänge vor dem Durchschlag läßt erkennen, daß bei sehr großen Schlagweiten eine neue Art der Vorentladung, der ,,Vorfunken", auftritt. Damit ist eine

Abb. 5. Wechselspannungs-Durchschlag $\hat{U}_{d\sim} = 2270$ kV, $s = 16{,}5$ m

[6]) Die Versuche wurden im Transformatoren- und Röntgenwerk Dresden durchgeführt.

Änderung des Charakters der $s$-$U_d$-Kurve in ähnlicher Weise zu erwarten, wie in dem schon behandelten Schlagweitengebiet in der Nähe von etwa 10 cm.

2. Weiter fällt auf, daß die hell leuchtenden, funkenartigen Stiele denjenigen der in der Hochspannungstechnik wohlbekannten Gleitfunken ähneln. Die letzteren werden an sog. Gleitanordnungen beobachtet. Schon frühzeitig wies TOEPLER darauf hin, daß Blitze — also Durchschläge von km-langen Luftstrecken — und Gleitfunkenüberschläge vergleichbare Vorgänge sind.

3. Da die $s$-$U_d$-Kurven der langen Luftstrecken in ihrem Verlauf denen der Gleitanordnungen stark ähneln, besteht Aussicht, aus den bekannten Gesetzen für den Gleitfunken für die Technik brauchbare Hilfsvorstellungen für den Durchschlag langer Luftstrecken zu gewinnen.

## Kondensatorkette, Gleitsystem, Vielfachfunkenstrecke

Was läßt sich nun aus dem Vergleich mit der Gleitanordnung ableiten?

Das elektrische Ersatzschaltbild für ein Gleitsystem ist die „Kondensatorkette" (Abb. 6) mit Längs- und Querkapazitäten ($C_l$ und $C_q$) und ihrer ungleichmäßig nach der sinh-Funktion verlaufenden Spannungsverteilung. Je größer die Querkapazitäten $C_q$ sind, um so größer ist das Spannungsgefälle über der Kapazität $C_{l_n}$ am Gleitpol, also die Beanspruchung der Luft an dieser Stelle. Der Durchbruch wird von dem Durchschlag dieses Längskondensators $C_{l_n}$ eingeleitet. Dabei wird der Querkondensator $C_{q\,n-1}$ auf die volle Spannung aufgeladen und das große Spannungsgefälle nach der anderen Elektrode hin verschoben. Dieser Vorgang wiederholt sich nacheinander bei allen Kettengliedern, ohne daß die Spannung $U_u$ wesentlich gesteigert werden muß. Er ist also die Ursache für den wenig

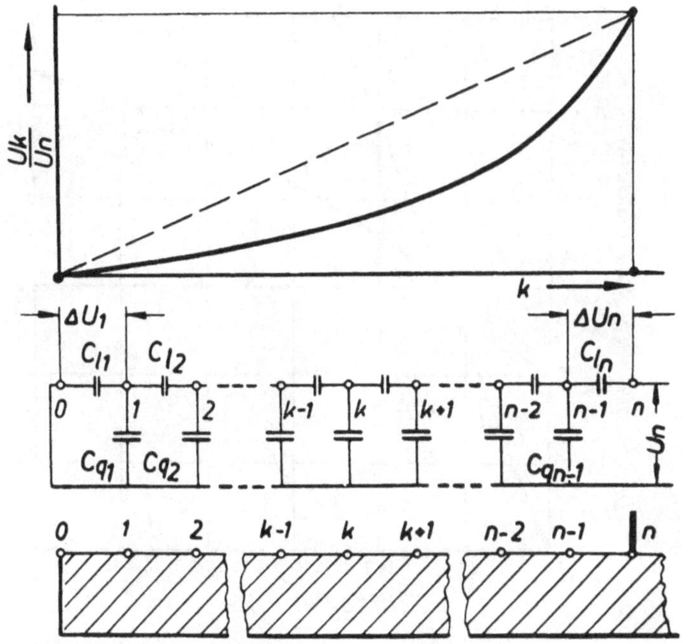


Abb. 6. Kondensatorkette

geneigten Anstieg der $s$-$U_d$-Kurven, also dafür, daß Schlagweitenvergrößerungen keinen rechten Gewinn an $U_d$ mehr bringen.

Gegen die Gleitanordnung als Modell der langen Luftstrecke kann eingewendet werden, daß die Luftstrecke keinen zweiten Isolierstoff mit einer als Gleitfläche wirkenden Oberfläche hat. Aber auch an Kondensatorketten ohne Gleitflächen wird der gleiche Charakter der $s$-$U_d$-Kurve ermittelt (Abb. 7). Wir benutzten z. B. Vielfachfunkenstrecken (Abb. 8a und b). Die Querkapazitäten $C_q$ bilden hier — wo nur ein Isolierstoff vorhanden ist — metallische Zwischenarmaturen.

MARCINKOWSKI[7]), der diese Versuche durchführte, fotografierte den Durchschlag auf rasch bewegtem Film und konnte

---

[7]) MARCINKOWSKI, H., Anfangs- und Durchschlagspannung von Vielfachfunkenstrecken. Wiss. Z. TH-Dresden **9** (1959/60) H. 3, S. 717.

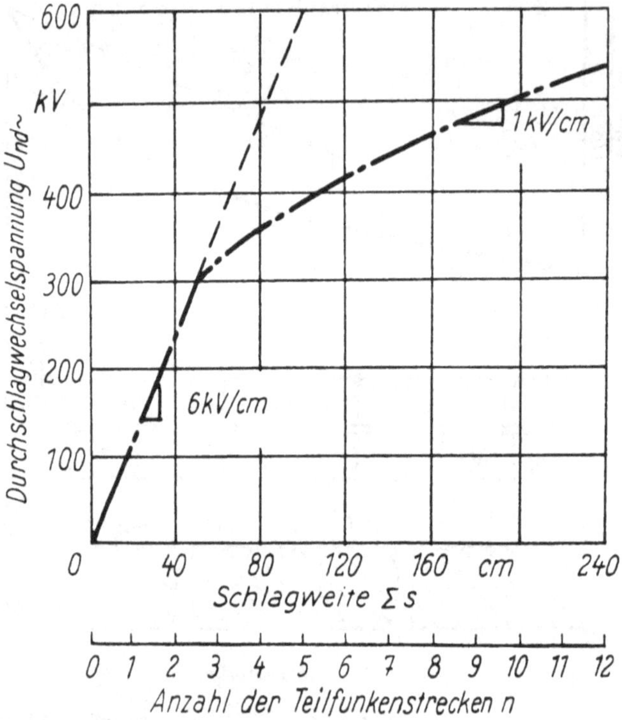


Abb. 7. Durchschlagspannung einer Vielfachspitzenfunkenstrecke

damit eine weitere Stütze für die Zweckmäßigkeit der Modellvorstellung liefern. Aus seinen Aufnahmen (Abb. 9) ist in Übereinstimmung mit der Vorstellung vom Gleitfunkenüberschlag abzulesen, daß die Einzelfunkenstrecken in einem von der einen Elektrode ausgehenden Vorprozeß stufenweise nacheinander durch Vorfunken überbrückt werden. Der eigentliche Durchschlag der Gesamtstrecke erfolgt dann von der Gegenelektrode aus, sobald der Vorprozeß dort angekommen ist. Er läuft also in entgegengesetzter Richtung und viel rascher als die Vorentladung.

Langsam ruckweise laufende Vorentladung und rasche Hauptentladung werden in ganz ähnlicher Weise auch bei dem Blitz

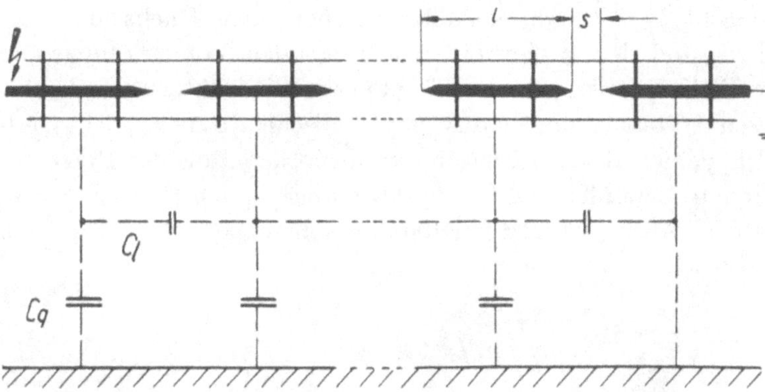


Abb. 8a

Abb. 8b

Abb. 8a u. b. Vielfachspitzenfunkenstrecke
a) $s = 20$ cm, $C_l \approx 1{,}5$ pF, $C_q \approx 15$ pF, $l = 100$ cm
b) $n = 12$ (Anzahl der Teilfunkenstrecken),
$\Sigma s = 12 \cdot 20$ cm $= 240$ cm (Gesamtschlagweite)

beobachtet. Die Ähnlichkeit zwischen den Ruckstufen des Blitzes und den stufenweise vordringenden Vorentladungen in der Vielfachfunkenstrecke ist unverkennbar. Zwar wurde mit diesen Untersuchungen das physikalische Problem nicht endgültig gelöst. Bei den Gleitanordnungen kann aus der Dicke des festen Isolierstoffes die Größe des maßgebenden $C_q$ abgeschätzt werden. Auch bei der Vielfachfunkenstrecke ist es möglich

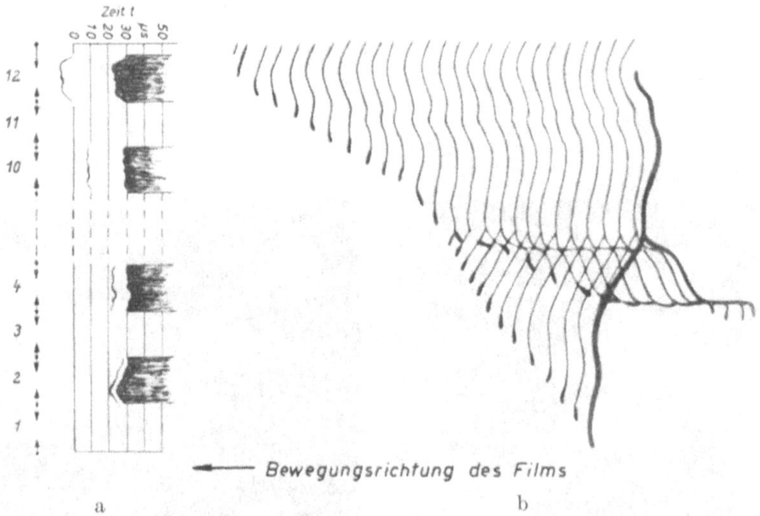


Abb. 9a u. b. Durchschlag einer Vielfachfunkenstrecke und Blitz
a) Vielfachfunkenstrecke (nach MARCINKOWSKI)
b) Blitz (nach SCHONLAND)

mit Hilfe der Abmessungen und des Erdabstandes der Zwischenelektroden. Beim Durchschlag langer Luftstrecken bestimmen die ruckweise vordringenden Ladungsergüsse die $C_q$-Werte. Sie sind zunächst noch nicht recht zahlenmäßig abzuschätzen. Dennoch ist es für die Technik wertvoll, eine Vorstellung vom Durchschlagmechanismus zu haben und den großen Einfluß der Querkapazität $C_q$ zu kennen, womit der ungünstige Verlauf der $s$-$U_d$-Kurve gedeutet werden kann.

## Durchschlag fester Isolierstoffe

Noch wesentlich schwierigere Aufgaben werden der Hochspannungstechnik beim Entwurf von Isolierungen aus Feststoffen gestellt. Auch hier gibt es die nicht exakt berechenbaren inhomogenen Felder. Eine typisch hochspannungstechnische Arbeitshypothese ist hier, für den Festkörperdurchschlag einen ähnlichen Mechanismus wie in Luft anzunehmen. Natürlich werden für die Erzeugung der Raumladungselektroden andere Vorgänge verantwortlich sein. Auch die Beweglichkeit der Ladungsträger wird anders sein als in Luft. Dennoch wird versucht, aus den experimentell gemessenen $s$-$U_d$-Kurven Rückschlüsse auf den Durchschlagmechanismus und die Werkstoffqualität zu ziehen. Daß es tatsächlich wie in Luft auch in Festkörpern Vorentladungen im Spitzenfeld gibt, beweist Abb. 10. Wenn stark inhomogene Felder möglich sind, muß also damit gerechnet werden, daß der Isolierstoff nur teilweise beschädigt wird und daß der Gesamtdurchschlag dann eine Frage der Beanspruchungsdauer in min, Std. oder Tagen ist[8])[9]).

## Blitzforschung

Nicht selten erhält auch die Naturwissenschaft Anregungen und Impulse von solchen Versuchen, die aus einer technischen Zwangslage heraus, und nicht um der naturwissenschaftlichen Erkenntnis willen, durchgeführt werden. Ein schönes Beispiel dafür ist z. Z. die Blitzforschung.

Die Höchstspannungsleitungen erfordern Leitungsmaste nicht mehr nur von 10 ... 20 m, sondern von 40, 50 und 60 m Höhe.

[8]) Schmidt, J., Gaseinschlüsse in geschichteten Öl-Papier-Isolationen (Räumliche Verteilung und Veränderungen durch elektrische Entladungen). Diss. TH-Dresden 1959.

[9]) Müller, U., Vorentladungen in Plexiglas bei Stoß- und Wechselspannung. Wiss. Z. TH-Dresden **4** (1954/55) H. 4, S. 629.

| $U$ kV | $t$ min | $H$ $\cdot 10^3$ |
|---|---|---|
| 20,3 | 0 | 0 |
| 20,3 | 3 | 4 |
| 20,3 | 3,5 | 4,2 |
| 20,3 | 15,5 | 4,8 |
| 20,3 | 16 | 7,78 |
| 20,3 | 16,5 | 7,89 |
| 21,5 | 73 | 224 |
| 21,5 | 80 | 400 |
| 21,5 | 88 | 448 |

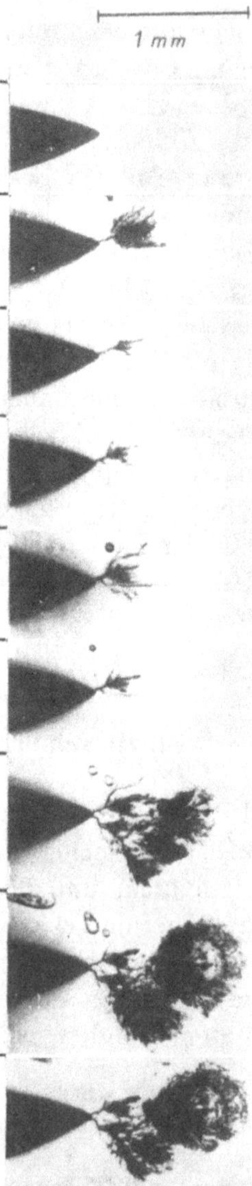


Abb. 10. Sichtbare Vorentladungen in Plexiglas (Spitze-Platte, $s = 2,5$ mm) $U_\sim$ = anliegende Wechselspannung, $t$ = Beanspruchungsdauer, $H$ = Zahl der Impulse

Diese hohen Maste werden öfter vom Blitz getroffen als nach den bisherigen Anschauungen erwartet werden konnte. Deshalb wird z. Zt. von der Hochspannungstechnik in internationaler Zusammenarbeit eine verstärkte Blitzforschung betrieben. Das weitverzweigte Netz der Hochspannungsleitungen in aller Welt bildet die eine Elektrode, die Ladungen der Gewitterwolken die andere dieses größten inhomogenen Feldes.

## Zusammenfassung

An einigen wenigen Beispielen, die sich auf den Durchschlag im inhomogenen Feld bezogen, wurde versucht, die Arbeitsweise der Hochspannungstechnik darzulegen. Bei gewissen Problemen muß aus technischer Notwendigkeit heraus mit Modellvorstellungen und Arbeitshypothesen gearbeitet werden, ohne daß die Gesetzmäßigkeiten des betreffenden physikalischen Vorganges bis ins einzelne quantitativ bekannt sind. In diesem Vorgehen liegt natürlich eine Gefahr. Wenn aber gesichert ist, daß die benutzten Hypothesen in enger Fühlungnahme mit den exakten Wissenschaften von Zeit zu Zeit revidiert werden, sind solche Hilfsvorstellungen unentbehrlich für den Ingenieur, der eben nicht nur erkennen, sondern in vorgegebener Zeit ein Ingenieurwerk vollenden soll.

*Fortsetzung von der 2. Umschlagseite*

Heft 3 Prof. Dr. ERNST DIEPSCHLAG / Die Anwendbarkeit der Regelungstechnik in der Hüttenindustrie 38 Seiten – 12 Abbildungen – 8° – 1952 – DM 3,90

Heft 4 Prof. Dr. ALBERT FROMME / Die Bedeutung der Entwicklungsgeschichte, besonders des Mesenchyms für die Klinik 24 Seiten – 8° – 1952 – DM 1,75 *(vergriffen)*

Heft 5 Dr. ROBERT BÖKER / Die Entstehung der Sternsphäre Arats 68 Seiten – 4 Abbildungen – 2 Falttafeln – 3 Tabellen – 8° – 1952 – DM 5,60

## Band 100

Heft 1 Prof. Dr. HEINRICH BRANDT / Über Stammfaktoren bei ternären quadratischen Formen 24 Seiten – 8° – 1952 – DM 2,25

Heft 2 Dr. PAUL GÜNTHER / Zur Gültigkeit des Huygens'schen Prinzips bei partiellen Differentialgleichungen vom normalen hyperbolischen Typus 43 Seiten – 8° – 1952 – DM 5,–

Heft 3 Dr. ALFRED MÜLLER / Die Schaubarkeit in der Axonometrie 22 Seiten – 3 Falttafeln – 8° – 1952 – DM 3,– *(vergriffen)*

Heft 4 Prof. Dr.-Ing. ENNO HEIDEBROEK / Die Beziehungen zwischen Härte, Schmierung und Verschleißfestigkeit Nachdruck – 40 Seiten – 10 Abbildungen – 8° – 1954 – DM 3,40

Heft 5 Prof. Dr. ROBERT SCHRÖDER / Frauenheilkunde in Forschung und Praxis 22 Seiten – 8° – 1952 – DM 1,35

Heft 6 Dr. ROLF REISSIG / Die pandiagonalen Quadrate vierter Ordnung 54 Seiten – 8° – 1952 – DM 5,–

Heft 7 Prof. Dr. MAX ROBITZSCH / Die Erforschung der Atmosphäre, ihre Methodik und ihre Probleme 30 Seiten – 12 Abbildungen – 4 Kunstdrucktafeln – 8° – 1953 – DM 2,50

## Band 101

Heft 1 Prof. Dr. KURT SCHWABE / Periodische Erscheinungen bei der anodischen Auflösung des Zinks 33 Seiten – 14 Abbildungen – 8° – 1954 – DM 3,–

Heft 2 Dr. UDO PRIL / Positive Lösungen einer nichtlinearen Integralgleichung 44 Seiten – 2 Abbildungen – 8° – 1953 – DM 4,–

Heft 3 Dr. JOACHIM FOCKE / Asymptotische Entwicklungen mittels der Methode der stationären Phase 2. unveränderte Auflage – 48 Seiten – 8° – 1957 – DM 4,80 *(vergriffen)*

Heft 4 Prof. Dr. HANS SALIÉ / Zur Verteilung natürlicher Zahlen auf elementfremde Klassen 26 Seiten – 8° – 1954 – DM 2,50 *(vergriffen)*

Heft 5 Prof. Dr.-Ing. ENNO HEIDEBROEK / Die Verantwortlichkeit des Ingenieurs 22 Seiten – 8° – 1954 – DM 1,– *(vergriffen)*

Heft 6 Prof. Dr. HANS SCHUBERT / Dr. ERICH SCHINCKE / Zur Ermittlung von Unterschallströmungen mit der Transformationsmethode bei quadratischer Approximation der Adiabate 32 Seiten – 6 Abbildungen – 2 Tabellen – 8° – 1955 – DM 2,30

Heft 7 Dr. HELMUT SCHAEFER / Neue Existenzsätze in der Theorie nichtlinearer Integralgleichungen 40 Seiten – 8° – 1955 – DM 2,40

## Band 102

Heft 1 Dr. PAUL GÜNTHER / Über einige spezielle Probleme aus der Theorie der linearen partiellen Differentialgleichungen zweiter Ordnung 50 Seiten – 8° – 1957 – DM 4,60 *(vergriffen)*

Heft 2 Prof. Dr. HANS SCHUBERT / Dr. ERICH SCHINCKE / Zum Konturproblem der Hodographenmethode im Unterschall 25 Seiten – 8° – 1957 – DM 2,20

Heft 3 Prof. Dr. FRANZ RUNGE / Über die Polymerisation ungesättigter organischer Verbindungen 13 Seiten – 1 Tabelle – 8° – 1957 – DM 1,–

Heft 4 Dr. VICTOR VÂLCOVICI / Une extension des liaisons non holonomes et des principes variationnels 39 Seiten – 8° – 1958 – DM 2,40

Heft 5 Dr. ROLF KLÖTZLER / Beiträge zur Theorie mehrdimensionaler Variationsprobleme mit geknickten Extremalen 72 Seiten — 8° — 1958 — DM 4,30

Heft 6 Prof. Dr. PAULA HERTWIG / Strahlenschäden und Strahlenschutz im zellulären Bereich. 43 Seiten — 14 Abbildungen — 6 Tabellen — 4 Tafeln — 8° — 1957 — DM 2,—

Heft 7 Prof. Dr. WILHELM TREIBS / Entwicklungslinien der organischen Chemie 25 Seiten — 8° — 1957 — DM 1,40

## Band 103

Heft 1 Prof. Dr. GEORG SPACKELER / Über die Möglichkeit einer Lieferung von Magnesiumsulfat als Düngemittel seitens des Kalibergbaus der Deutschen Demokratischen Republik
Prof. Dr. ANTON ARLAND / Magnesium im Landbau
38 Seiten — 1 Abbildung — 2 Landkarten — 8° — 1958 — DM 1,90

Heft 2 Prof. Dr. HEINRICH BREDT / Über den Tod. Eine naturwissenschaftliche Betrachtung 26 Seiten — 8° — 1958 — DM 1,10 *(vergriffen)*

Heft 3 Dr. HANS WUSSING / Über Einbettungen endlicher Gruppen 38 Seiten — 8° — 1958 — DM 2,50

Heft 4 Prof. Dr. ERNST NEEF / Über die Veränderlichkeit unserer geographischen Umwelt 19 Seiten — 8° — 1959 — DM 1,20

Heft 5 Prof. Dr. WOLFGANG LANGENBECK / Zur Biochemie der Spurenmetalle. Mit Diskussionsbeiträgen 16 Seiten — 4 Tabellen — 8° — 1959 — DM 1,—

Heft 6 Prof. Dr. HANS SCHUBERT / Dr. ERICH SCHINCKE / Die Berechnung einer zirkulationslosen Unterschallströmung um den Kreiszylinder mit der Hodographenmethode 42 Seiten — 12 Abbildungen — 4 Tabellen — 8° — 1959 — DM 4,20

Heft 7 Prof. Dr. PAULA HERTWIG / Anpassung, Vererbung und Evolution 35 Seiten — 14 Abbildungen — 8° — 1959 — DM 3,20

## Band 104

Heft 1 Prof. Dr. KARL SCHMALFUSS / Über das Ausmaß der biologischen Bindung des elementaren Stickstoffs. Der Einfluß assimilierbarer Stickstoffverbindungen 19 Seiten — 2 Abbildungen — 6 Tabellen — 8° — 1960 — DM 1,35

Heft 2 Prof. Dr. ANTON LISSNER / Charakteristische Eigenschaften der Braunkohlen 20 Seiten — 10 Abbildungen — 3 Tabellen — 8° — 1960 — DM 2,—

Heft 3 Prof. Dr. FRITZ STATHER / Zur Charakteristik pflanzlicher und synthetischer Gerbstoffe und deren kombinierte Verwendung bei der Gerbung 19 Seiten — 8° — 1960 — DM 1,10

Heft 4 Prof. Dr. HEINRICH PRELL / Bemerkungen zur Geschichte der englischen Längenmaßsysteme In Vorbereitung

Heft 5 Prof. Dr. OTT'HEINRICH KELLER / Zur Berechnung des Galoisschen Körpers und der Galoisschen Gruppe einer Gleichung in erträglich vielen Schritten 23 Seiten — 8° — 1961 — DM 2,—

Heft 6 Dr. ROLF KLÖTZLER / Die Konstruktion geodätischer Felder im Großen in der Variationsrechnung mehrfacher Integrale 84 Seiten — 1 Abbildung — 8° — 1961 — DM 7,—

Heft 7 Prof. Dr. ARTHUR SIMON / Gitteraufbau und Katalyse bei der Gasentschwefelung 21 Seiten — 12 Abbildungen — 8° — 1961 — DM 2,10

## Band 105

Heft 1 Vorliegendes Heft

*Bestellungen durch eine Buchhandlung erbeten*

*Vor 1945 erschienene Berichte antiquarisch durch den Akademie-Verlag, Berlin, zum Teil noch lieferbar*

AKADEMIE-VERLAG · BERLIN

FSC
www.fsc.org
MIX
Papier | Fördert gute Waldnutzung
FSC® C083411

Zeitfracht Medien GmbH
Ferdinand-Jühlke-Straße 7
99095 Erfurt, Deutschland
produktsicherheit@kolibri360.de